SYSTÈME DÉCIMAL
DES
POIDS ET MESURES MÉTRIQUES,
OU
EXPOSITION COMPLÈTE DU SYSTÈME MÉTRIQUE
RAMENÉ A SA SIMPLICITÉ PREMIÈRE;

Renfermant les formes figurées des nouveaux Poids et Mesures dont l'usage est prescrit par la loi du 4 juillet 1837;

OUVRAGE SPÉCIALEMENT DESTINÉ
AUX ÉCOLES PRIMAIRES ÉLÉMENTAIRES,

PAR
J. GEORGE FILS.

TROISIÈME ÉDITION,
Revue avec soin et augmentée d'un
QUESTIONNAIRE GÉNÉRAL.

PARIS.
LIBRAIRIE ECCLÉSIASTIQUE, CLASSIQUE, ÉLÉMENTAIRE
DE H. DELLOYE,
RUE DES FILLES SAINT-THOMAS, 13, PLACE DE LA BOURSE.
1841

SYSTÈME DÉCIMAL

DES

POIDS ET MESURES MÉTRIQUES.

OUVRAGES DE J. GEORGE FILS.

Traité complet et raisonné des Poids et Mesures, renfermant tout ce qu'il est nécessaire de connaître, en théorie et en pratique, pour l'application facile de la loi du 4 juillet 1837, à l'usage des *Écoles Normales* et des *Écoles Primaires supérieures;* et destiné à servir de guide aux chefs d'écoles dans l'enseignement du nouveau système métrique à leurs élèves. 1 vol. in-18 broché. Prix, 1 fr.

Nouveau traité élémentaire d'arithmétique décimale à l'usage de toutes les écoles primaires élémentaires. 1 vol. in-18 cartonné. (1841.) Prix, 75 c.

Cet ouvrage, rédigé sur un *nouveau plan* et conformément aux décisions ministérielles les plus récentes relatives à l'enseignement du calcul décimal dans les écoles, *contient un exposé* succinct du NOUVEAU SYSTÈME MÉTRIQUE. On en a éliminé tout ce qui est relatif au calcul des nombres complexes et aux anciennes mesures. Plus de DEUX CENTS *problèmes*, tirés en grande partie du *système métrique*, de l'*histoire* et de la *géographie*, sont répartis à la suite de chaque chapitre, pour lesquels ils servent d'exercices. Chaque chapitre est aussi terminé par un *questionnaire*.

Exercices et Problèmes de l'Arithmétique décimale, suivis de leurs réponses et solutions raisonnées (1841), 1 vol. in-18 broché. Prix, 60 c.

Petit Manuel de l'Ouvrier et du Commerçant, renfermant : 1° un Tarif pour l'évaluation des Mesures anciennes de longueur (Toises, Pieds, Pouces, etc.) en Mètres et Millimètres ; 2° un tarif pour l'évaluation, en Mètres et Millimètres carrés, des surfaces dont les dimensions sont connues en Toises, Pieds, etc. (anciennes mesures); 3° un Tarif pour le Cubage des Solides dont les dimensions sont déterminées en Pieds, Toises, etc.; 4° enfin un tarif de comptes faits. 1 vol. in-18 cartonné. Prix, 60 c.

Code pratique de l'Instruction primaire, ou Recueil de toute la jurisprudence du conseil royal, concernant l'application de la loi du 28 juin 1833 sur l'instruction primaire. 1 vol. in-8° broché. Prix, 2 fr.

SYSTÈME DÉCIMAL

DES

POIDS ET MESURES MÉTRIQUES,

OU

EXPOSITION COMPLÈTE DU SYSTÈME MÉTRIQUE

RAMENÉ A SA SIMPLICITÉ PREMIÈRE;

Renfermant les formes figurées des nouveaux Poids et Mesures dont l'usage est prescrit par la loi du 4 juillet 1837;

OUVRAGE SPÉCIALEMENT DESTINÉ

AUX ÉCOLES PRIMAIRES ÉLÉMENTAIRES,

PAR

J. GEORGE FILS.

TROISIÈME ÉDITION,

Revue avec soin et augmentée d'un

QUESTIONNAIRE GÉNÉRAL.

PARIS.

LIBRAIRIE ECCLÉSIASTIQUE, CLASSIQUE, ÉLÉMENTAIRE

DE H. DELLOYE,

RUE DES FILLES SAINT-THOMAS, 13, PLACE DE LA BOURSE.

1841

Tout exemplaire qui ne sera pas revêtu des signatures de l'Auteur et de l'Éditeur sera réputé contrefait.

Imprimerie de Ve DONDEY-DUPRÉ, rue St-Louis, 46, au Marais.

AVERTISSEMENT.

L'ouvrage que nous publions sous le titre de *Système décimal des Poids et Mesures métriques* est spécialement destiné aux élèves qui fréquentent les écoles primaires élémentaires. En y supprimant tout ce qui concerne les anciennes mesures, nous nous sommes conformés à la fois aux exigences de la loi du 4 juillet 1837 et aux prescriptions ministérielles relatives à l'enseignement des nouvelles, dont l'usage est légalement autorisé depuis le 1er janvier 1840.

Les deux chapitres qui composent ce volume contiennent : le premier, quelques notions préliminaires, indispensables pour comprendre les subdivisions du mètre carré et du mètre cube ; le second, l'exposition simple et complète du système métrique, ramené à sa simplicité première ; les formes figurées des nouveaux poids et mesures, avec les nouvelles conditions auxquelles ils doivent satisfaire pour être légalement employés. En tête du volume se trouvent placés la loi du 4 juillet 1837 et le tableau des mesures légales qui y est annexé.

TABLE DES MATIÈRES.

FIN DE LA TABLE DES MATIÈRES.

LOI DU 4 JUILLET 1837.

Louis-Philippe, roi des Français, etc.

Art. 1er. Le décret du 12 février 1812, concernant les poids et mesures, est et demeure abrogé.

Art. 2. Néanmoins l'usage des instrumens de pesage et de mesurage confectionnés en vertu des articles 2 et 3 du décret précité, sera permis jusqu'au 1er janvier 1840.

Art. 3. A partir du 1er janvier 1840, tous poids et mesures autres que les poids et mesures établis par les lois des 18 germinal an 3 et 19 frimaire an 8, consécutives du système métrique décimal, seront interdits, sous les peines portées par l'art 470 du Code pénal.

Art. 4. Ceux qui auront des poids et mesures autres que les poids et mesures ci-dessus reconnus dans leurs magasins, boutiques, ateliers ou maisons de commerce, ou dans les halles, foires ou marchés, seront punis, comme ceux qui les emploieront, conformément à l'art. 479 du Code pénal.

Art. 5. A compter de la même époque, toutes dénominations de poids et mesures autres que celles portées dans le tableau annexé à la présente loi, et établies par la loi du 18 germinal an 3, sont interdites dans les actes publics, ainsi que dans les affiches et annonces.

Elles sont également interdites dans les actes sous seing privé, les registres de commerce et autres écritures privées produits en justice.

Les officiers publics contrevenans seront passibles d'une amende de 20 francs, qui sera recouvrée sur contrainte, comme en matière d'enregistrement.

L'amende sera de 10 francs pour les autres contrevenans: elle sera perçue pour chaque acte ou écriture sous signature privée; quant aux registres du commerce, ils ne donneront lieu qu'à une seule amende pour chaque contestation dans laquelle ils seront produits.

Art. 6. Il est défendu aux juges et arbitres de rendre aucun jugement ou décision en faveur des particuliers sur des actes, registres ou écrits dans lesquels les dénominations interdites par l'article précédent auraient été insérées, avant que les amendes encourues aux termes dudit article aient été payées.

Art. 7. Les vérifications des poids et mesures constateront les contraventions prévues par les lois et règlemens concernant le système métrique des poids et mesures.

Ils pourront procéder à la saisie des instrumens de pesage et de mesurage dont l'usage est interdit par lesdites lois et règlemens.

Leurs procès-verbaux feront foi en justice, jusqu'à preuve contraire. Les vérificateurs prêteront serment devant le tribunal d'arrondissement.

Art. 8. Une ordonnance royale réglera la manière dont s'effectuera la vérification des poids et mesures.

La présente loi, discutée, délibérée et adoptée par la chambre des pairs et par celle des députés, et sanctionnée par nous, ce jourd'hui, sera exécutée comme loi de l'état.

DONNONS EN MANDEMENT à nos cours et tribunaux, etc.

Fait au palais des Tuileries, le 4 juillet 1837.

LOUIS-PHILIPPE.

Par le roi :

Le ministre secrétaire d'état au département des travaux publics, de l'agriculture et du commerce. N. MARTIN (du Nord).

Vu et scellé du grand sceau.

Le garde des sceaux de France, ministre secrétaire d'état au département de la justice.

BARTHE.

TABLEAU DES MESURES LÉGALES.

(Loi du 13 germinal an III.)

NOMS SYSTÉMATIQUES. — Valeurs.

Mesures de longueur.

MYRIAMÈTRE. —— Dix mille mètres.
KILOMÈTRE. —— Mille mètres.
DÉCAMÈTRE. —— Dix mètres.
MÈTRE. *Unité fondamentale des poids et mesures* (dix-millionième partie du quart du méridien terrestre).
DÉCIMÈTRE. —— Dixième du mètre.
CENTIMÈTRE. —— Centième du mètre.
MILLIMÈTRE. —— Millième du mètre.

Mesures agraires.

HECTARE. —— Cent ares ou dix mille mètres carrés.
ARE. —— Cent mètres carrés, carré de dix mètres de côté.
CENTIARE. —— Centième de l'are, ou mètre carré.

Mesures de capacité pour les liquides et les matières sèches.

KILOLITRE. —— Mille litres.

NOMS SYSTÉMATIQUES. — Valeurs.

HECTOLITRE. —— Cent litres.
DÉCALITRE. —— Dix litres.
LITRE. —— Décimètre cube.
DÉCILITRE. —— Dixième du litre

Mesures de solidité.

DÉCASTÈRE. —— Dix stères.
STÈRE. —— Mètre cube.
DÉCISTÈRE. —— Dixième de stère.

Poids.

. . . . . —— Mille kilogrammes, poids du mètre cube d'eau et du tonneau de mer.
. . . . . —— Cent kilogrammes, quintal métrique.
KILOGRAMME. —— Mille grammes, poids dans le vide d'un décimètre cube d'eau distillée à la température de quatre degrés centigrades.
HECTOGRAMME. —— Cent grammes.
DÉCAGRAMME. —— Dix grammes.
GRAMME. —— Poids d'un centimètre cube d'eau à quatre degrés centigrades.
DÉCIGRAMME. —— Dixième du gramme.
CENTIGRAMME. —— Centième du gramme.
MILLIGRAMME. —— Millième du gramme.

NOMS SYSTÉMATIQUES. — Valeurs.

Monnaie.

FRANC. —— Cinq grammes d'argent au titre de neuf dixièmes de fin.
DÉCIME. —— Dixième du franc.
CENTIME. —— Centième du franc.

LOUIS-PHILIPPE.

Par le roi :

Le ministre du commerce.

N. MARTIN (du Nord).

SYSTÈME DÉCIMAL

DES

POIDS ET MESURES MÉTRIQUES.

CHAPITRE PREMIER.

Notions préliminaires, définitions, lignes, surfaces, volumes.

1. L'ESPACE ou ÉTENDUE est illimité. Il renferme trois dimensions, LONGUEUR, LARGEUR et HAUTEUR.

La HAUTEUR comprend la *hauteur* proprement dite, l'*épaisseur* et la *profondeur*. Ainsi on dit la *hauteur* d'un édifice, l'*épaisseur* d'une voûte, la *profondeur* d'un précipice.

2. Par UNITÉ DE MESURE ou simplement MESURE, on entend une grandeur (*) déterminée dont on se sert pour évaluer d'autres grandeurs de même espèce.

(*) On entend par grandeur, tout ce qui peut être augmenté ou diminué.

3. ÉVALUER une grandeur quelconque, c'est chercher combien de fois *l'unité* de *mesure* la contient ou y est contenue. Cette opération s'appelle aussi MESURER.

4. On peut avoir à MESURER une *longueur*, une *surface*, un *volume*, la *capacité* d'un vase, le *poids* d'un corps, la *valeur* d'un lingot ou d'une quantité quelconque; chacune de ces opérations exigeant une mesure conforme à sa nature, on a dû nécessairement créer autant d'espèces d'unités de mesures qu'il en fallait pour satisfaire à tous ces besoins.

5. L'ensemble de toutes ces mesures et les diverses relations qui les lient entre elles forment ce qu'on appelle un SYSTÈME de poids et mesures.

6. Le système actuellement adopté en France est celui des *poids et mesures métriques*.

7. Les dimensions de l'étendue, prises isolément, puis deux à deux, et enfin toutes ensemble, donnent lieu à trois espèces de figures connues sous les dénominations générales de *lignes*, *surfaces*, *volumes* ou *corps*.

8. Les diverses mesures se divisent en *unité linéaire*, *unité de surface*, *unité de volume*, selon qu'elles s'appliquent à l'une ou à l'autre de ces figures.

DES LIGNES.

9. La *ligne* ne comprend, des trois dimensions de l'espace, que la *longueur*.

Les extrémités d'une ligne se nomment *points*.

Le *point* n'a ni *longueur*, ni *largeur*, ni *épaisseur*.

Il y a plusieurs sortes de *lignes*: la *ligne droite*, la *ligne courbe*, la *ligne brisée*.

10. La ligne droite mesure la plus courte distance d'un point à un autre.

Ainsi la ligne AB, qui joint les deux points A et B, est une ligne droite, dont les points A et B sont les extrémités.

A ——————————————————— B

Elle sert à mesurer les LONGUEURS.

11. MESURER une *longueur*, c'est déterminer combien de fois elle en contient une autre d'une grandeur fixe et invariable, prise pour unité de longueur.

DES SURFACES.

12. La *surface* ne réunit que deux des dimensions de l'étendue, *longueur* et *largeur*. Elle est la partie des corps qui frappe nos regards.

13. MESURER une *surface*, c'est chercher son

rapport avec une autre surface déterminée, appelée *unité de surface* ou *de superficie.*

14. La figure que l'on a choisie pour *unité de surface* ou *de superficie* est le CARRÉ. Il est formé par quatre lignes égales qui se coupent deux à deux et à angles droits (1).

Ainsi la figure A B C D nous représente un carré dont la surface est l'espace renfermé entre les quatre côtés AB, BD, DC et CA.

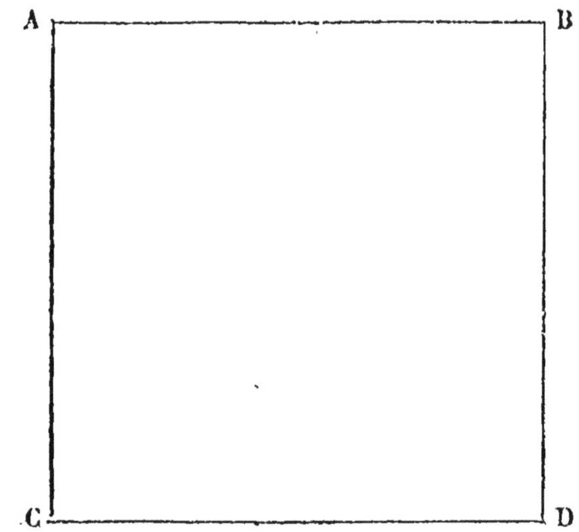

15. Le carré fait sur une ligne double est quatre fois plus grand que celui fait sur une

(1) Un angle droit est celui que forment entre elles deux lignes droites qui se rencontrent de telle manière que l'une ne penche d'aucun côté vers les extrémités de l'autre.

ligne simple. Ainsi le carré fait sur un mètre de longueur est un mètre carré, tandis que celui construit sur une longueur de deux mètres contient dans sa surface quatre mètres carrés. Ce principe est d'autant plus important à constater, qu'on s'exposerait, en n'y faisant pas attention, à des erreurs de calcul très-graves. Ainsi il faut bien se garder de confondre un dixième de mètre carré avec un décimètre carré. Ces deux mesures sont loin d'être les mêmes : en effet, un dixième de mètre carré est la dixième partie d'un carré dont le côté est un mètre, tandis qu'un décimètre carré n'est au contraire que le carré dont le côté est un décimètre, et, par conséquent, dix fois moindre qu'un dixième de mètre carré.

16. Il est d'ailleurs facile de le vérifier.

En effet, supposons un carré ABCD construit sur un côté AB de la longueur d'un mètre (*voir* la figure ci-contre). Si on divise la base de ce carré en dix parties égales, chacune de ces parties représentera une longueur d'un décimètre. En menant par chaque point de division des perpendiculaires à AB, le carré ABCD sera divisé en dix bandes rectangulaires, toutes égales à un dixième de mètre carré. Si on divise de même la ligne AC en dix parties égales, et que par le point de division *e* on mène une parallèle à AB, cette parallèle for-

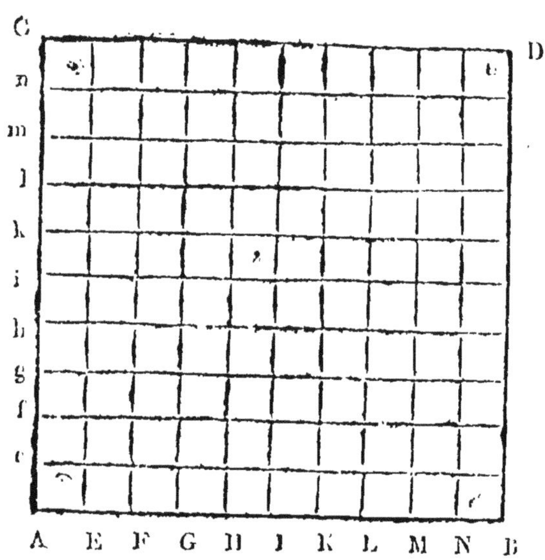

mera avec chacune des lignes menées par les points EFG, et perpendiculairement à AB, dix petits carrés qui auront tous un décimètre de côté. Chacune des parallèles menées des points *f*, *g*, *h*, etc., devant donner le même résultat, il s'ensuit que l'on aura, dans la totalité du carré formé sur une longueur de un mètre, dix fois dix petits carrés ayant un déci-

---

(*) Deux lignes sont dites parallèles, quand elles ne peuvent se rencontrer, de quelque côté qu'on les prolonge.

mètre de côté ou cent décimètres carrés. Donc le dixième du mètre carré est dix fois plus grand que le décimètre carré. Le même raisonnement prouverait que le carré fait sur une longueur de dix mètres contient cent mètres carrés, et généralement que le carré fait sur une ligne quelconque est cent fois plus grand que le carré construit sur une ligne dix fois moindre.

17. Dans les mesures métriques, les multiples et sous-multiples de chaque unité principale étant tous de dix en dix fois plus grands ou plus petits que cette unité, pour avoir en mètres carrés la valeur de 55 hectomètres carrés, il suffira de remarquer que l'hectomètre est cent fois plus grand que le mètre, et doit contenir 10,000 fois un mètre carré, par conséquent 55 hectomètres carrés contiendront 55 fois 10,000 mètres carrés, ou 550,000 mètres carrés.

18. On a remarqué que le nombre qui représente la quantité d'unités de surface contenues dans un carré est égale au produit des nombres représentant les unités contenues dans chacune de ses dimensions. De là on conclut que pour déterminer la surface d'un carré, il suffit de multiplier le nombre des unités de la *base* par celui des unités contenues dans la *hauteur*. Dans le carré, la *base*

est le côté sur lequel on le suppose appuyé, et la *hauteur* qui est égale à la *base* est le côté qui lui est perpendiculaire.

DES VOLUMES.

19. Le volume comprend les trois dimensions de l'étendue, *longueur*, *largeur* et *hauteur*.

20. Mesurer un *volume*, c'est déterminer son rapport avec l'unité invariable appelée *unité de volume*, ou, en d'autres termes, c'est chercher combien de fois il contient l'unité de volume, ou y est contenu.

21. La figure adoptée pour unité de volume est le cube. Il est formé par six faces carrées égales entre elles et se coupant à angles droits. L'espace renfermé dans ces six faces est le volume du cube. Le dé à jouer nous donne de sa forme une idée exacte.

22. Le volume du cube est égal au produit de ses trois dimensions : le cube construit sur une ligne courbe est huit fois plus grand que celui fait sur une ligne simple. Ainsi le cube fait sur un mètre de longueur sera huit fois moindre que celui fait sur une longueur de deux mètres, puisque dans le premier cas, on n'obtiendra qu'un mètre cube, tandis que dans le second on en obtiendra huit.

23. Il est utile de faire ici, à l'occasion du

cube, la remarque à laquelle l'examen du carré a déjà donné lieu. Ainsi, il faut bien se garder de confondre un dixième du mètre cube avec un décimètre cube, attendu que celui-ci n'est que la centième partie du premier. En effet, supposons un cube construit sur une ligne d'un mètre de longueur : la base

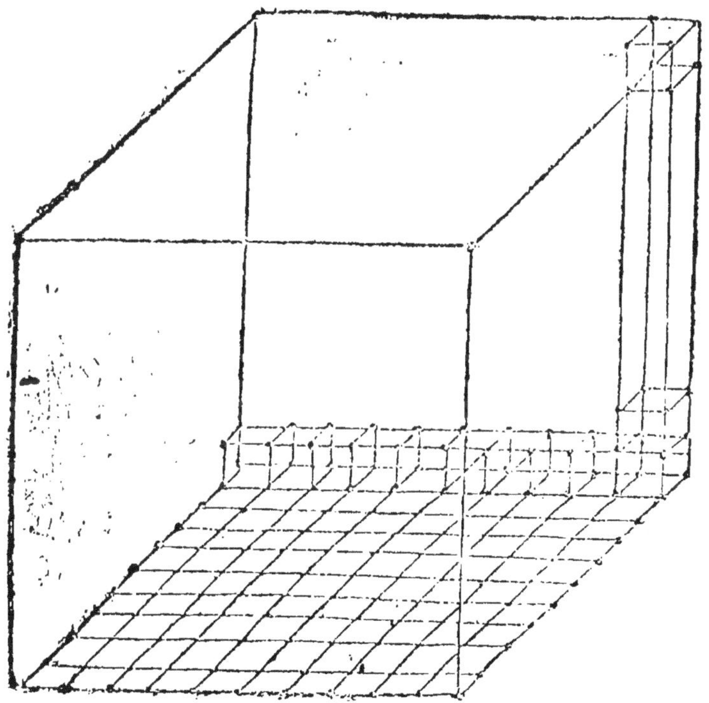

de ce cube, qui sera alors un mètre carré, contiendra, ainsi que chacune des autres faces, cent décimètres carrés. Supposons la hauteur du cube divisée en dix parties égales. Chacune de ces parties aura un décimètre de longueur. Si par le premier point de division à partir de la base on mène un plan parallèle (1) à cette base, on obtiendra ainsi une portion du cube qui en sera la dixième partie, puisque en menant par chacun des points de division de la hauteur des plans parallèles au premier, on diviserait le cube total en dix petits volumes qui auraient tous les mêmes dimensions, et qui par conséquent seraient égaux entre eux. D'après cela, si on suppose, ainsi qu'on l'a fait pour la base inférieure du cube, que la base supérieure de la bande qui a été obtenue soit divisée en petits carrés d'un décimètre carré, elle en contiendra aussi cent, puisque cette surface est elle-même celle d'un mètre carré : cela fait, si on regarde chacun des petits carrés de la base inférieure et son correspondant dans la base supérieure comme les bases inférieure et supérieure d'un petit cube qui aurait pour dimensions un décimètre cube, cette partie du cube total que l'on considère contien-

(1) Deux plans parallèles sont ceux qui ne peuvent jamais se rencontrer à quelque distance qu'on les prolonge.

dra cent petits cubes d'un décimètre de côté : le décimètre cube n'est donc que la centième partie d'un dixième de mètre cube; enfin chacune des autres parties, dont on a fait abstraction, devant contenir le même nombre de décimètres cubes que celle-là, il s'ensuit que le mètre cube contient dix fois cent décimètres cubes ou mille décimètres cubes ; on prouverait également que le cube fait sur une ligne quelconque est mille fois plus grand ou plus petit que celui qui serait construit sur une longueur dix fois moindre ou plus grande.

24. Tous les multiples et sous-multiples d'une mesure quelconque du système métrique étant de dix en dix fois plus grands ou plus petits qu'elle, pour avoir en mètres cubes la valeur de cinq décamètres cubes, il suffira d'observer qu'un mètre étant la dixième partie du décamètre, le cube de ce dernier doit contenir mille mètres cubes. Alors exprimer en mètres cubes la valeur de cinq décamètres cubes, revient à multiplier par 1000 le nombre proposé.

25. On a également remarqué que le nombre qui représente la quantité d'unités de volume contenues dans un cube est égal au produit des unités contenues dans chacune de ses dimensions. De là on a conclu que le volume

d'un cube est égal au produit du nombre des unités de surfaces contenues dans sa base par celui des unités de longueur contenues dans sa hauteur ; ou en d'autres termes, *le volume d'un cube est égal au produit de ses trois dimensions*. La *base* d'un cube est la *face* sur laquelle il se trouve placé ; sa *hauteur* est la perpendiculaire à la *base*, prolongée jusqu'à la rencontre de la face opposée qui s'appelle la *base supérieure* du cube, l'autre se nomme sa *base inférieure ;* les autres faces en sont les *faces latérales*.

FIN DU PREMIER CHAPITRE.

CHAPITRE II.

NOUVEAU SYSTÈME MÉTRIQUE,

dit

Système légal des Poids et Mesures.

26. Le NOUVEAU SYSTÈME MÉTRIQUE, ainsi nommé parce que c'est le mètre qui en est la base et l'unité principale et invariable à laquelle se rattachent toutes les autres, est aussi appelé *système légal des poids et mesures,* parce que l'usage et la construction des diverses mesures qu'il renferme sont ordonnés et réglementés par des lois.

Unités principales du système métrique.

27. Les diverses unités principales du système métrique sont au nombre de six, savoir :

Le MÈTRE, mesure ou unité de *longueur*.
L'ARE, mesure ou unité de *superficie*.
Le STÈRE, mesure ou unité de *volume*.
Le LITRE, mesure ou unité de *capacité*.
Le GRAMME, mesure ou unité de *poids*.
Le FRANC, mesure ou unité de *monnaie* (*).

(*) La MONNAIE sert à estimer les valeurs.

Ces unités se désignent numériquement en plaçant la lettre initiale de chacune d'elles au-dessus du dernier chiffre à droite du nombre qui les représente : ainsi, pour indiquer que le nombre 457 représente des *mètres*, on écrit 457 M ; s'il représentait des *ares* ou des *litres*, on écrirait 457 A ou 457 L.

28. Chacune de ces unités principales a ses multiples et ses sous-multiples, à l'exception du franc qui n'a pas de multiple.

Une quantité est multiple d'une autre lorsqu'elle la contient un certain nombre de fois exactement.

Un sous-multiple d'une quantité est une quantité plus petite qui y est contenue aussi un certain nombre de fois exactement.

Formation des multiples et sous-multiples.

29. Les multiples et sous-multiples des unités métriques sont des quantités de dix en dix fois plus grandes ou plus petites que l'unité principale.

Ainsi les multiples du mètre sont 10, ou 100 ou 1000, ou 10,000 fois plus grands que le mètre; et ses sous-multiples sont 10, ou 100 ou 1000 fois plus petits que lui ; il en est de même pour toutes les autres unités.

30. On a créé, pour les représenter, sept mots nouveaux, dont quatre, tirés du grec, servent à exprimer les multiples ; et trois, ve-

nant du latin, expriment les sous-multiples; ce sont :

Pour les multiples.

MYRIA	qui signifie	*dix mille.*
KILO	—	*mille.*
HECTO	—	*cent.*
DÉCA	—	*dix.*

Pour les sous-multiples.

DÉCI	qui signifie	*dixième.*
CENTI	—	*centième.*
MILLI	—	*millième.*

31. Afin d'exprimer avec ces mots les noms de tous les multiples, il suffit de faire précéder celui de chaque unité principale, des mots multiples et sous-multiples qui lui conviennent. Ainsi :

Un MYRIAMÈTRE	représente	*dix mille* MÈTRES.
Un KILOGRAMME	—	*mille* GRAMMES.
Un HECTOLITRE	—	*cent* LITRES.
Un DÉCASTÈRE	—	*dix* STÈRES.
Un DÉCILITRE	—	un 10e de LITRE.
Un CENTIARE	—	un 100e d'ARE.
Un MILLIMÈTRE	—	un 1000e de MÈTRE

Pour désigner les multiples et sous-multiples des nouvelles mesures, on fait comme pour les unités elles-mêmes ; seulement, on représente les multiples par des initiales majuscules et les sous-multiples par des initiales ordinaires : ainsi on exprimera que le nombre 47,32 représente des kilomètres et des centimètres en écrivant 47 KM, 32 CM.

32. Toutes les mesures n'ont pas le même nombre de multiples et de sous-multiples.

Ainsi l'ARE et le STÈRE n'ont qu'un multiple et qu'un sous-multiple. Le FRANC n'a pas de multiple, et ses deux sous-multiples s'écartent de la loi générale de formation ; ainsi : au lieu d'écrire un *déci-franc*, un *centi-franc;* on écrit un *décime*, un *centime*.

33. Il résulte de tout ce qui précède que, *dans le système métrique*, le nombre 10 sert à former toutes les unités plus grandes ou plus petites que l'unité simple ou principale, et que pour passer des unités principales aux unités plus grandes ou plus petites, il suffit de rendre les nombres qui les représentent 10, 100, 1000 fois plus grands dans le premier cas, et 10, 100, 1000 fois plus petits dans le second ; d'où on peut conclure que la formation des unités du système métrique n'est qu'une simple application de la numération décimale ; d'où il suit naturellement que toutes les opérations à effectuer sur les unités métriques rentrent dans le calcul des nombres décimaux, de là le nom de *système décimal*, etc., qui lui est aussi donné.

Des diverses unités métriques; leurs rapports avec le mètre ; leur construction, leurs usages.

UNITÉ DE LONGUEUR. — LE MÈTRE.

34. *L'unité de longueur* est le MÈTRE ; il est la dix-millionième partie du quart du MÉRIDIEN TERRESTRE, C'est-à-dire que si l'on suppose le quart de circonférence mesurant la distance du *pôle* à *l'équateur*, développé suivant une ligne droite, et que l'on porte sur cette ligne une longueur égale à un MÈTRE, cette longueur y sera contenue dix millions de fois.

35. Les multiples du MÈTRE sont :

Le MYRIAMÈTRE, le KILOMÈTRE, l'HECTOMÈTRE et le DECAMÈTRE.

Le DECAMÈTRE vaut 10 mètres.

L'HECTOMÈTRE vaut 10 décamètres ou 100 mètres.

Le KILOMÈTRE vaut 10 hectomètres ou 100 décamètres, ou enfin 1000 mètres.

Le MYRIAMÈTRE vaut 10 kilomètres ou 100 hectomètres ou 1000 décamètres, ou enfin 10000 mètres.

36. Ses sous-multiples sont :

Le DÉCIMÈTRE, le CENTIMÈTRE, le MILLIMÈTRE.

Le DÉCIMÈTRE est la 10e partie du mètre.

Le CENTIMÈTRE est la 10e partie du décimètre, et par conséquent la 100ᵉ partie du mètre ;

Enfin le MILLIMÈTRE est la 10ᵉ partie du centimètre ou la 100ᵉ partie du décimètre, ou la 1000ᵉ partie du mètre.

37. Toutes les mesures nouvellement construites devront satisfaire aux conditions prescrites par l'ordonnance du 16 juin 1839.

Les nouvelles mesures de longueur sont soumises aux conditions suivantes :

Elles doivent être construites en métal, en bois ou autre matière solide.

Elles peuvent être établies dans la forme qui convient le mieux aux usages auxquels elles sont destinées.

Indépendamment des mesures d'une seule pièce, il est permis de faire des mesures brisées, pourvu que le nombre de leurs parties soit deux, cinq ou dix.

Les mesures doivent être construites avec solidité.

Des garnitures en métal doivent être adaptées aux extrémités des mesures en bois, du mètre, de son double et de sa moitié.

Les divisions en centimètres ou millimètres doivent être exactes, déliées, et d'équerre avec la longueur de la mesure.

Le nom propre à chaque mesure est gravé

sur sa face supérieure, qui doit porter aussi le nom ou la marque du fabricant.

Le décamètre, son double et sa moitié, construits en forme de chaîne, doivent avoir des chaînons d'une force suffisante et de la longueur de deux ou de cinq décimètres ; les anneaux à chaque mètre, sont exécutés avec un métal d'une couleur différente de celui employé pour les autres anneaux.

38. Le tableau suivant présente le nom des mesures de longueur en usage, et la tolérance exprimée en millimètres qui est accordée pour chacune d'elles, vu l'impossibilité de leur donner la grandeur exacte de *l'étalon qui sert à les vérifier*. Pour toutes les mesures métriques la tolérance n'a lieu que par excès seulement.

NOMS DES MESURES.	TOLÉRANCE EN MILLIMÈTRES.
Double décamètre en fer.....	2
Demi-décamètre en fer......	2
Décamètre en fer............	2
Double mètre en bois........	1,5
Mètre id.........	1
Demi-mètre id.........	0,6
Double décimètre id.........	0,4

39. Les trois premières de ces mesures, qui, pour plus de facilité, peuvent être construites en forme de chaînes, dont les chaînons sont, y compris l'anneau qui les unit, d'une longueur de 1 ou de 2 décimètres, servent spécialement dans la pratique aux opérations de l'arpentage, c'est-à-dire à mesurer les dimensions d'un terrain, d'une forêt, etc. Deux personnes sont nécessaires pour tenir les extrémités de la chaîne. Lorsqu'on en fait usage pour mesurer de grandes distances, on emploie des baguettes de fer terminées en pointe d'une part, et de l'autre, en forme d'anneau. Toutes les fois que celui qui conduit la chaîne a mesuré une longueur sur le terrain, il fixe dans le sol une de ces fiches qui indique à la personne qui tient l'autre extrémité, le lieu où elle doit s'arrêter et fixer la poignée de la chaîne pour marquer une nouvelle longueur. Le conducteur ayant fixé une seconde fiche, la première est enlevée par son collaborateur, qui enlève successivement toutes celles qu'il rencontre dans le cours de l'opération, le nombre de fiches ainsi enlevées indique le nombre de fois que la longueur de la chaîne est contenue dans le terrain mesuré, et sert à prévenir les erreurs qui pourraient avoir lieu si l'on n'en faisait pas usage ; ces fiches

sont ordinairement au nombre de dix. La chaîne doit toujours être parfaitement tendue.

40. Le double mètre, le mètre et le décimètre, sont généralement des barres non flexibles ; ainsi le mètre employé dans les magasins pour l'aunage des étoffes est rigide et inflexible. On fait souvent usage dans le commerce de mètres flexibles et divisés. Généralement construits en baleine, ils sont composés de dix décimètres unis les uns aux autres par des clous rivés : la facilité de les plier en dix parties fait qu'ils n'occupent qu'un volume extrêmement petit et les rend d'un transport très-commode. Leur flexibilité facilite la mesure des corps ronds, tels que, par exemple, la circonférence d'un arbre. Les chapeliers font usage d'un mètre en cuir pour prendre la me-

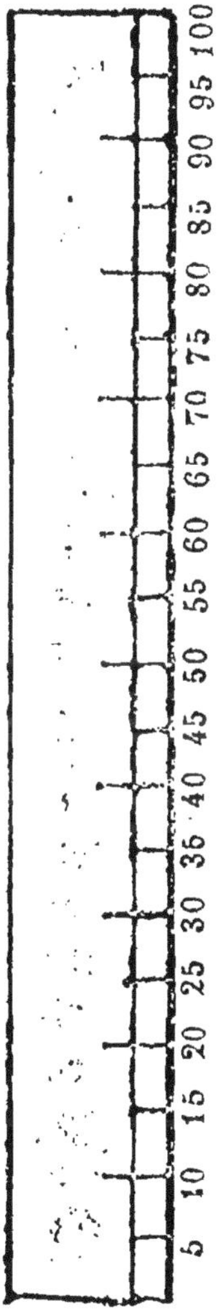

DÉCIMÈTRE DIVISÉ EN MILLIMÈTRES.

sure de la tête des personnes auxquelles ils veulent ajuster des coiffures. Les tailleurs s'en servent également pour prendre mesure d'habits. Ces mètres sont divisés en décimètres, centimètres et millimètres.

41. C'est au moyen du double mètre que, dans les conseils de révision, on mesure la taille des hommes, afin de déterminer les corps dans lesquels ils peuvent entrer. La taille au-dessous de laquelle on ne peut être admis à servir dans l'armée, est de 1 mètre 560 millimètres; Pour être reçu dans un régiment de cavalerie, il faut avoir au moins 1 mètre 679 millimètres, un homme de la taille de 1 mètre 761 millimètres peut servir indistinctement dans tous les corps de l'armée.

42. Le double décimètre le plus en usage, a la forme d'un prisme triangulaire; cette forme donne les moyens d'en reporter plus exactement les subdivisions sur le papier. Il est également divisé en centimètres et millimètres; il est ordinairement construit en buis, parce que sur ce bois, les divisions sont faciles à marquer d'une manière correcte. Le centimètre est une longueur trop petite pour qu'il puisse être construit utilement.

43. Le myriamètre et le kilomètre sont les mesures itinéraires et servent à exprimer les

distances entre deux villes ou deux contrées. Déjà, dans un très-grand nombre de départemens de la France, les routes royales sont échelonnées de bornes appelées *bornes kilométriques*, parce qu'elles sont distantes l'une de l'autre d'un kilomètre. La distance entre deux *bornes kilométriques* est divisée par de petites bornes en dix parties égales. Ces dernières sont distantes l'une de l'autre d'un hectomètre ; un homme marchant d'un pas ordinaire parcourt facilement un kilomètre en 12 minutes ; de sorte que sachant le nombre de kilomètres que l'on a à parcourir pour aller d'un lieu dans un autre, on peut calculer le temps nécessaire pour faire la route.

Unité de surface. Le mètre carré.

44. L'unité de *surface* est le MÈTRE CARRÉ, ou un carré dont le côté a un mètre de longueur

Il ne faut pas conclure de là que, pour mesurer la surface d'un plafond ou d'un objet quelconque, on porte, ainsi qu'on le fait pour les distances, sur ce plafond ou cet objet, une mesure d'un mètre carré, et qu'on détermine ainsi le nombre de fois que l'unité de surface y est contenue ; mais pour cela, on cherche successivement, au moyen d'un mètre, les dimensions (longueur et largeur) de l'objet dont on veut connaître la surface; et le produit des deux nombres exprimant, en mètres, chacune de ces dimensions, représente cette surface en mètres carrés. C'est ainsi que l'on doit comprendre que le mètre carré sert à mesurer les surfaces : considéré comme tel, il ne s'emploie que pour exprimer des surfaces d'une très-petite étendue, telles que, par exemple, celles d'un meuble, d'une porte, d'une chambre, des murs d'enceinte d'un bâtiment.

45. Ainsi que nous l'avons déjà dit (11), le décimètre carré, le centimètre carré, ne doivent point être confondus avec le dixième ou le centième du mètre carré. De là une différence dans la manière d'énoncer deux expressions représentant, l'une des mètres carrés, et l'autre des mètres simples ; soit à énoncer l'expression 8,459 qui représente des mètres carrés, on commettrait une erreur très-grave, si on lisait ce nombre de la même manière que s'il représentait des mètres simples, c'est-à-dire, 8 mètres carrés, 459 millimètres carrés, ou 8459 millimètres carrés ; mais on devra dire, 8 mètres carrés, 459 millièmes de mètres carrés, ou 8 mètres carrés, 45 décimètres carrés, 90 centimètres carrés.

Mesures agraires. L'are.

46. On comprend sous la dénomination générale de mesures agraires, les mesures servant à indiquer la superficie des terrains.

47. L'unité principale des mesures agraires est l'ARE ; c'est un décamètre carré, c'est-à-dire un carré dont le côté a dix mètres de longueur. Il contient par conséquent 100 mètres carrés.

48. L'ARE est comme le mètre carré une mesure fictive, ou, en d'autres termes, il n'existe pas en construction. On l'emploie principalement pour exprimer la superficie des terrains de peu d'étendue.

49. Lorsqu'il s'agit de la superficie d'une forêt ou d'une plaine assez vaste, on l'exprime en *hectares*.

L'HECTARE vaut 100 ares, et par conséquent 10,000 mètres carrés.

50. Le seul sous-multiple de l'are est le centiARE. Il vaut la centième partie de l'are ou 1 mètre carré.

Enfin, pour exprimer la surface d'une contrée ou d'un pays, on emploie le MYRIAMÈTRE CARRÉ, dont le côté est égal à 10,000 mètres et qui contient cent millions de mètres carrés.

51. Toutes les mesures de superficie sont comprises dans le tableau suivant :

NOMS DES MESURES.		VALEURS en MÈTRES CARRÉS.
Myriamètre carré...........		100000000
Mesures agraires.	Hectare..........	10000
	Are.............	100
	Centiare.........	1
Mesures des surfaces ordinaires.	Mètre carré......	1
	Décimètre carré..	0,01
	Centimètre carré.	0,0001
	Millimètre carré..	0,000001

52. Nous terminerons ce que nous avons à dire sur les surfaces par une remarque très-importante : il peut arriver mainte fois qu'en mesurant les dimensions d'un objet dont on veut évaluer la surface, on trouve l'une de ses dimensions exactement en mètres ou décimètres, et l'autre avec des centimètres ou des millimètres : dans ce cas, il faut avoir soin, avant d'effectuer le produit, de réduire les deux facteurs en unités de la même, c'est-à-dire de la plus petite espèce. On effectue en-

suite l'opération, et le produit représente des centimètres ou des millimètres carrés, suivant que l'on a opéré sur des unités de l'une ou de l'autre espèce. Pour l'évaluer en mètres carrés, il suffit de le diviser par 10,000, s'il représente des centimètres carrés, ou par 1,000,000 si ce sont des millimètres carrés; ce qui revient à séparer par une virgule 4 ou 6 chiffres sur la droite de ce produit. Dans le cas où il ne contiendrait pas un nombre de chiffres suffisant, on y suppléerait par des zéros, en plaçant aussi un zéro à la gauche de la virgule, pour tenir lieu des mètres carrés manquans.

UNITÉ DE VOLUME. — LE MÈTRE CUBE.

53. L'unité principale de VOLUME est le MÈTRE CUBE.

Ses sous-multiples sont :

Le déciMÈTRE CUBE, qui en est la millième partie.

Le centiMÈTRE CUBE, qui en est la millionième partie.

Le milliMÈTRE CUBE, qui en est la billionième partie.

54. Tous les solides d'une dimension quelconque s'expriment en mètres cubes et en ses sous-multiples.

Mesure de bois de chauffage. — Le Stère.

55. Le *mètre cube* servant à exprimer le cubage des bois de chauffage a pris la dénomination de STÈRE.

56. Le STÈRE a pour multiple le DÉCASTÈRE, qui vaut dix stères ou dix mètres cubes ; pour sous-multiple le déciSTÈRE, qui est la dixième partie du stère et vaut 100 décimètres cubes.

57. Les instrumens de mesurage pour le bois de chauffage dont l'usage est autorisé dans les chantiers sont :

1° Le DEMI-DÉCASTÈRE.

2° Le DOUBLE STÈRE.

3° Le STÈRE.

58. La figure ci-contre donne l'idée exacte de la manière dont ces instrumens sont montés.

59. Les membrures qui représentent les dimensions de ces mesures de solidité doivent être construites en bon bois, et les pièces qui les composent doivent être bien dressées et solidement assemblées.

Chaque membrure est formée d'une sole, de deux montans et de deux contrefiches : elle doit avoir de plus deux sous-traits.

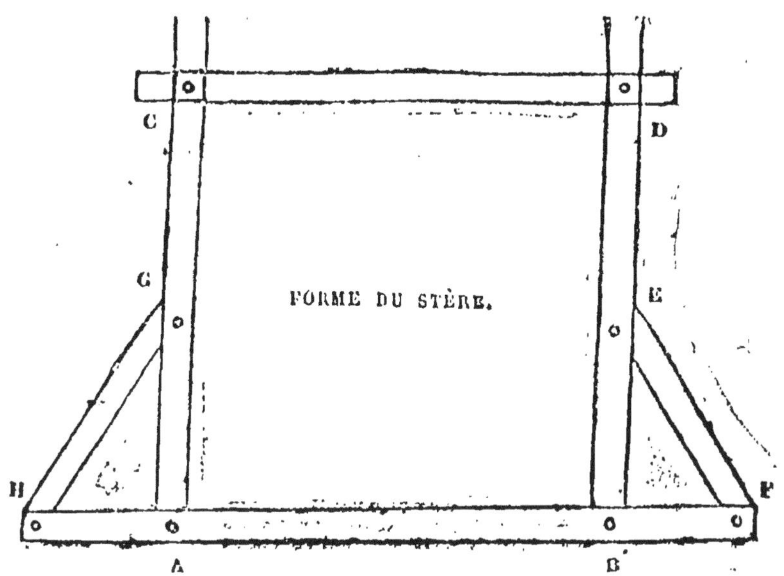

60. La ligne AB est la sole de l'instrument. Les lignes AC BD en forment les montans; les deux contrefiches sont EF et GH; enfin la ligne CD est la ligne de niveau; outre les membrures désignées ci-dessus, deux sous-traits d'un volume égal à celui de la sole doivent être annexés à l'instrument : ils sont destinés à être placés, lors du mesurage, l'un devant, l'autre derrière; chacun à peu près à 4 décimètres de distance de la sole, pour soutenir le bois dans une position parallèle au sol.

La longueur de la sole entre les deux montans est invariable et fixée ainsi qu'il suit :

Pour le demi-décastère. . . . . 3 mètres.

Pour le double stère. . . . . . 2 mètres.

Pour le stère. . . . . 1 mètre.

La hauteur des montans est seule variable suivant la longueur du bois : elle doit être déterminée de manière à ce que le produit des trois dimensions du volume soit toujours 1, 2 ou 5 mètres cubes.

La longueur du bois étant égale à 1 mètre, la hauteur des montans doit être :

Pour le demi-décastère. . . . . 1^{m} 667

Pour le double stère et le stère. . 1.

La longueur du bois étant égale à 1 mètre 137, la hauteur des montans doit être :

Pour le demi-décastère. . . . . . 1^{m},468

Pour le double stère et le stère. . 0 ,880

Les membrures du double stère et du stère peuvent aussi être construites en fer, pourvu qu'elles réunissent les conditions de justesse et de solidité nécessaires, et qu'elles soient garnies de rondelles adhérentes en étain ou en plomb, pour faciliter l'application des marques de vérification.

Il est accordé pour les erreurs totales, en plus seulement, une tolérance de 15 millimètres pour le demi-décastère, de 8 millimètres pour le double stère, et de 5 millimètres pour le stère.

Ainsi, s'il arrivait dans le stère, par exemple, que la sole fût trop longue de 2 ou 3 millimètres, on n'admettrait pour les montans qu'un excès de 3 ou 2 millimètres.

MESURES DE CAPACITÉ. — LE LITRE.

Matières sèches.

61. L'unité de mesure pour les matières sèches est le LITRE ; son volume est celui d'un décimètre cube : c'est la millième partie du mètre cube. Le tableau des mesures légales annexé à la loi du 4 juillet 1837 ne donne pour cette mesure que 3 multiples et 1 sous-multiple ; de sorte que les mesures de capacité pour les matières sèches se réduisent à cinq, savoir :

Le déciLITRE, qui est la dix-millième partie du mètre cube, ou la dixième partie du litre.

Le LITRE, qui vaut un millième de mètre cube ou 1 décimètre cube.

Le DÉCALITRE, qui vaut un centième de mètre cube ou 10 litres.

L'HECTOLITRE, qui vaut un dixième de mètre cube ou 100 litres.

Le KILOLITRE, dont la capacité est celle d'un mètre cube et qui vaut 1000 litres.

62. Celles de ces mesures dont l'usage est au-

torisé dans le commerce et pour lesquelles on a adopté la forme cylindrique comme étant la plus commode, ont la hauteur égale au diamètre ; une tolérance de 1 centième en plus de la capacité de chacune d'elles est accordée lors de la vérification : elles sont au nombre de 11, savoir :

NOMS DES MESURES.	VALEURS en LITRES.	HAUTEUR ET DIAMÈTRE en millimètres.	TOLÉRANCE
HECTOLITRE.....	100 lit.	503	1 lit.
DEMI-HECTOLITRE.	50	399	5 décilit.
DOUBLE DÉCALITRE	20	294	2 id.
DÉCALITRE......	10	234	1 id.
DEMI-DÉCALITRE .	15	185	5 centilit.
DOUBLE LITRE....	2	137	2 id.
LITRE..........	1	108	1 id.
DEMI-LITRE......	0,5	86	5 millilit.
DOUBLE DÉCILITRE	0,2	63	2 id.
DÉCILITRE.......	0,1	50	1 id.
DEMI-DÉCILITRE..	0,05	36	5 dix millièmes de litr.

63. La figure ci-contre donne la forme exacte de ces mesures.

64. Toutes celles nouvellement établies devront satisfaire aux conditions suivantes :

Celles qui seront en bois ne pourront être faites qu'en bois de chêne; elles devront être établies avec solidité dans toutes leurs parties

Pour les mesures qui seront garnies intérieurement de potences ou autres corps saillans, la hauteur sera augmentée proportionnellement au volume de ces objets.

Les mesures en bois devront être formées

d'une éclisse ou feuille courbée sur elle-même et fixée par des clous.

Toutes les mesures en bois devront être garnies, à la partie supérieure, d'une bordure en tôle rabattue.

Les mesures, depuis et compris le double décalitre jusqu'à l'hectolitre, devront, en outre, être ferrées : on pourra, suivant l'usage auquel elles sont destinées, y adapter des pieds fixés avec boulons et écrous.

Les mesures en bois de plus petite dimension pourront être garnies de bandes latérales en tôle.

On pourra fabriquer des mesures pour les matières sèches en cuivre ou en tôle, pourvu qu'elles soient établies avec solidité, et dans la forme ci-dessus prescrite.

Chaque mesure doit porter le nom qui lui est propre : le nom ou la marque du fabricant sera appliqué sur le fond de la mesure.

Liquides.

65. L'unité servant de mesure de capacité pour les liquides est, comme pour les matières sèches, le LITRE OU DÉCIMÈTRE CUBE.

Ses multiples et sous-multiples étant absolument les mêmes que pour les matières sèches, il est inutile de répéter ici ce que nous avons déjà dit précédemment.

66. Les mesures employées pour les liquides ne diffèrent de celles dont nous venons de parler que par la construction. A partir du demi-décalitre inclusivement jusqu'à l'hectolitre, elles ont le diamètre égal à la hauteur; elles peuvent être construites en cuivre, tôle ou fonte, et sous la réserve expresse de prévenir par l'étamage ou par un procédé analogue, toute altération ou oxidation de nature à présenter des dangers dans l'usage de ces sortes de mesures. Mais depuis le double litre jusqu'au centilitre, elles changent de forme; le volume restant toujours le même, la hauteur devient double du diamètre intérieur.

67. Les mesures ainsi construites, au nombre de huit, sont contenues dans le tableau suivant, qui donne l'indication de leurs hauteurs et diamètres exprimés en millimètres, ainsi que la tolérance en plus accordée pour chacune d'elles.

NOMS DES MESURES.	HAUTEUR en MILLIMÈTRES.	DIAMÈTR. en MILLIMÈTRES.	TOLÉRANCE.
DOUBLE LITRE.	217	108	2 centilit.
LITRE	172	86	1 id.
DEMI-LITRE.	137	68	5 millilitr.
DOUBLE DÉCILITRE . .	101	50	2 id.
DÉCILITRE.	80	40	1 id.
DEMI-DÉCILITRE	63	32	5 dix millil
DOUBLE CENTILITRE. . .	47	23	2 id.
CENTILITRE.	37	19	1 id.

68. La figure ci-dessous en indique la forme.

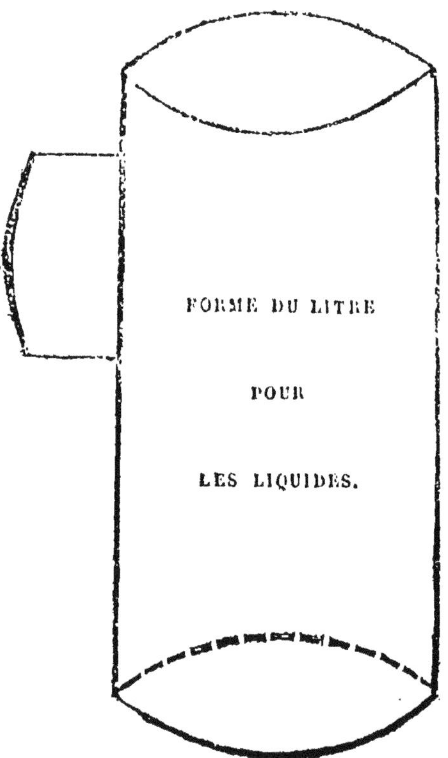

De plus, ces huit mesures sont d'un poids déterminé, et l'étain avec lequel elles sont confectionnées ne peut contenir plus de 18 centièmes d'alliage : le tableau suivant fait connaître les poids déterminés pour chacune d'elles comme maximum obligatoire.

NOMS DES MESURES.	POIDS DES MESURES EN GRAMMES.		
	Sans anses ni couvercles.	Avec anses sans couvercles.	Avec anses et couvercles.
	gr.	gr.	gr.
Double litre...........	1,350	1,700	2,200
Litre................	900	1,100	1,350
Demi-litre............	525	650	820
Double décilitre.......	280	335	420
Décilitre.............	145	180	240
Demi-décilitre........	85	110	140
Double centilitre......	45	60	85
Centilitre............	25	35	50

69. La construction de ces mesures est soumise aux conditions suivantes :

Elles devront conserver intérieurement et sur le bord supérieur la venue du moule ; elles devront être sans soufflures ni autres imperfections.

Le nom propre à chaque mesure devra être inscrit sur le corps de la mesure. Le nom ou la marque du fabricant devra être apposé sur le fond.

On pourra construire des mesures en fer blanc depuis le double litre jusqu'au décilitre; mais ces sortes de mesures, exclusivement réservées pour le lait, devront être établies dans la forme cylindrique, ayant le diamètre égal à la hauteur, conformément à ce qui est prescrit, n° 62, page 44, pour les mesures destinées aux matières sèches ; elles seront garnies d'une anse ou d'un crochet également en fer blanc, et porteront le nom qui leur est propre sur le cercle supérieur r[illegible]tu et servant de bordure. On aura soin de placer, pour recevoir les marques de vérification, deux gouttes d'étain aplaties, l'une au bord supérieur, l'autre à la jonction du fond de chaque mesure, qui devra porter aussi le nom ou la marque du fabricant.

UNITÉ DE POIDS. — LE GRAMME.

70. Peser un corps, c'est chercher à déterminer la somme des molécules qui le composent : les poids destinés à cette opération rentrent donc nécessairement dans la catégorie des mesures de volume.

71. L'unité de poids est le GRAMME : il est le poids d'un centimètre cube d'eau distillée, ramenée à son maximum de densité, c'est-

à-dire à la température de 4 degrés du thermomètre centigrade, ou la millionième partie de celui d'un mètre cube.

72. Les multiples du GRAMME sont :

1° Le DÉCAGRAMME, qui vaut 10 GRAMMES; son poids est celui d'un centième de décimètre cube d'eau (1 centilitre) ou la cent-millième partie de celui d'un mètre cube.

2° L'HECTOGRAMME, qui vaut 100 GRAMMES ; son poids est celui d'un dixième de décimètre cube d'eau (un décilitre), ou la dix-millième partie de celui d'un mètre cube.

3° Le KILOGRAMME, qui vaut 1000 GRAMMES ; son poids est celui d'un décimètre cube d'eau (un litre), ou la millième partie de celui d'un mètre cube.

73. Ses sous-multiples sont :

1° Le déciGRAMME, dont le poids est la dixième partie de celui du GRAMME, ou la dix-millionième partie de celui du mètre cube.

2° Le centiGRAMME, dont le poids est la centième partie de celui du GRAMME ou la cent-millionième partie du mètre cube.

3° Le milliGRAMME, dont le poids est la millième partie de celui du GRAMME, ou la billionième partie de celui du mètre cube.

74. Les poids dont l'usage est autorisé dans

le commerce sont de deux espèces ; ils sont construits en fer ou en cuivre.

Des Poids en fer.

75. Le nombre des poids en fer dont on peut faire usage est limité à dix : ceux de 50 et de 20 kilogrammes ont la forme d'une pyramide tronquée, ayant pour base un parallélogramme ; tous les autres doivent avoir également la forme d'une pyramide tronquée, mais la base doit être un exagone régulier.

La hauteur des poids et la surface de la base inférieure sont restées indéterminées.

76. La figure ci-dessous donne une idée de la forme des poids à base exagonale.

77. Les noms des poids en fer, les abréviations qui doivent être indiquées sur la partie supérieure de chacun d'eux et la tolérance accordée, sont consignés dans le tableau suivant :

NOMS DES POIDS.	ABRÉVIATIONS qui devront être indiquées sur la surface supérieure.	TOLÉRANCE en grammes.
50 kilogrammes....	50 kilog.	20
20 kilogrammes....	20 kilog.	10
10 kilogrammes....	10 kilog.	6
5 kilogrammes....	5 kilog.	4
Double kilogramme.	2 kilog.	1
Kilogramme	1 kilog.	1
Demi-kilogramme...	1/2 kilog.	0,5
	5 hectog.	0,3
Double hectogramme	2 hectog.	0,2
Hectogramme......	1 hectog.	0,1
Demi-hectogramme .	1/2 hectog.	

78. Tous les poids en fer nouvellement établis doivent satisfaire aux conditions suivantes :

Les anneaux dont les poids sont garnis ne devront pas dépasser l'arête des poids.

Chaque anneau devra être en fer forgé, rond et soudé à chaud.

Chaque anneau, attaché par un lacet, devra entrer sans difficulté dans la rainure pratiquée sur le poids pour le recevoir.

Chaque lacet devra être en fer forgé et construit solidement, tant au sommet qui embrasse l'anneau qu'aux extrémités de ses branches, lesquelles doivent être rabattues et encoulées par dessous pour retenir le plomb nécessaire à l'ajustage.

Les poids en fer ne doivent présenter à leur surface ni bavures ni soufflures, et la fonte ne doit être ni aigre ni cassante.

Chaque poids doit être garni aux extrémités du lacet, d'une quantité suffisante de plomb coulé d'un seul jet, destiné à recevoir les empreintes des poinçons de vérification première et périodique, ainsi que la marque du fabricant qui doit y être apposée.

Des Poids en cuivre.

79. Les poids en cuivre sont simples ou divisés ; le poids simple n'en présente qu'un seul ; le poids divisé, se compose de divers poids de forme conique, pouvant se placer les uns dans les autres et formant ensemble avec la boîte qui

les renferme, et qui est elle-même un poids légal, le poids d'un kilogramme, ou d'un double kilogramme.

80. Les poids simples ont la forme d'un cylindre dont le diamètre est égal à la hauteur; ils sont surmontés d'un bouton de cuivre dont la hauteur est aussi déterminée : elle est égale à la moitié du diamètre de la base. Ces conditions (*voir* la figure ci-dessous) doivent avoir lieu pour tous les poids en cuivre simples, à partir du poids de 20 kilogrammes, jusqu'à celui du gramme exclusivement; pour le gramme et le double gramme le diamètre du cylindre est plus fort que la hauteur.

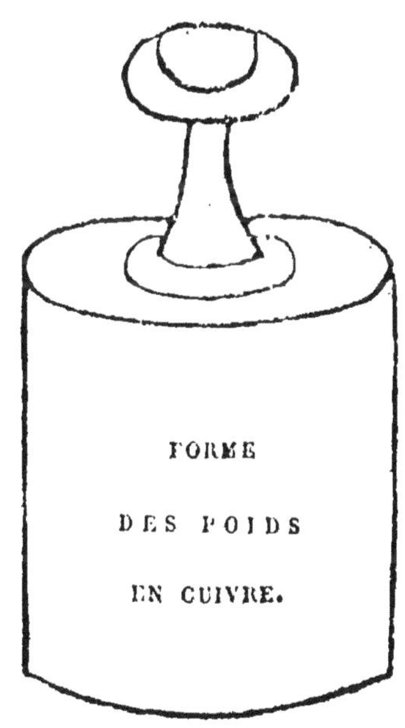

81. Tous les poids en cuivre sont indiqués ci-après, ainsi que la dénomination qui devra être inscrite sur chacun d'eux et la tolérance accordée.

NOMS DES POIDS.	TOLÉRANCE en GRAMMES.	DÉNOMINATIONS qui doivent être appliquées sur la surface supérieure.
20 kilogrammes.....	1,5	20 kilogrammes.
10 kilogrammes.....	0,8	10 kilogrammes.
5 kilogrammes.....	0,5	5 kilogrammes.
Double kilogramme.	0,25	2 kilogrammes.
Kilogramme........	0,15	1 kilogramme.
Demi-kilogramme...	0,10	500 grammes.
Double hectogramme	0,03	200 grammes.
Hectogramme.......	0,025	100 grammes.
Demi-hectogramme.	0,020	50 grammes.
Double décagramme.	0,015	20 grammes.
Décagramme.......	0,010	10 grammes.
Demi-décagramme..	0,004	5 grammes.
Double gramme.....	0,002	2 grammes.
Gramme...........		1 gramme.
Demi-gramme......		5 décig.
Double décigramme.		2 décig.
Décigramme.......		1 décig.
Demi-décigramme...		5 centig.
Double centigramme.		2 c. g.
Centigramme.......		1 c. g.
Demi-centigramme..		5 m. g.
Double milligramme.		2 m. g.
Milligramme........		1 m. g.

82. Indépendamment des dispositions précitées, tous les nouveaux poids doivent satis-

faire aux conditions suivantes : depuis et compris le 5 décigrammes jusqu'au milligramme, ils se feront avec des lames de laiton mince coupées carrément et ne sont point soumis à la vérification.

Les poids en cuivre cylindriques et à bouton pourront être massifs, ou contenir dans leur intérieur une certaine quantité de plomb; mais ils devront toujours présenter le même volume. Ces poids peuvent être faits d'un seul jet ou formés de deux pièces seulement, savoir : le cylindre et le bouton ; mais dans ce dernier cas, le bouton devra être tourné à vis sur le corps du poids, et fixé invariablement par une cheville ou petite vis, à fleur de la surface. Cette cheville sera en cuivre rouge, afin de la distinguer facilement.

On pourra aussi construire des poids en cuivre du kilogramme ou d'un de ses sous-multiples dans la forme de godets coniques qui s'empilent les uns dans les autres, et se trouvent ainsi renfermés dans une boîte qui est elle-même un poids légal.

La surface des poids en cuivre devra être nette et ne laisser apercevoir aucun corps étranger qu'on aurait chassé dans le cuivre, ni aucune soufflure qui permettrait d'en introduire.

Les dénominations seront inscrites en creux

et en caractères lisibles sur la surface supérieure des poids. Chaque poids devra porter le nom ou la marque du fabricant.

Instrumens de pesage.

83. Outre les poids nécessaires pour mesurer la masse d'un corps, il faut aussi, pour cette opération, des instrumens dont les poids ne sont que des accessoires. Ces instrumens, connus sous la dénomination générale de balances, sont de trois sortes : LES BALANCES A BRAS ÉGAUX, LA ROMAINE et LES BALANCES BASCULES. C'est ici le lieu de parler succinctement de chacun de ces instrumens.

De la balance à bras égaux.

84. La balance à bras égaux est celle dont on se sert dans tous les magasins pour la vente en détail. Elle se compose d'un fléau traversé par un axe qui le divise en deux parties égales appelées bras de la balance ; de deux bassins ou plateaux fixés à l'extrémité de chaque bras par des chaînettes ou cordes parfaitement égales ; ces bassins sont destinés, l'un à recevoir l'objet que l'on veut peser, et l'autre à recevoir les poids ; une chape sur laquelle repose l'axe, supporte tout l'instrument ; au-dessus de l'axe, entre les montans de la chape et perpendiculairement au fléau, se trouve fixée une ai-

guille indiquant par son inclinaison à droite ou à gauche les mouvemens de l'instrument : lorsque les plateaux sont vides, elle doit se trouver placée entre les montans et dans la direction de la chape. Il est inutile pour conclure l'égalité des poids placés dans une balance, d'attendre que l'aiguille ait repris cette dernière position; il suffit seulement que les oscillations d'un côté et de l'autre de la chape soient égales. La balance est ordinairement soutenue par un pied auquel elle est suspendue par un anneau mobile, fixé à l'extrémité supérieure de la chape.

85. Une balance, pour être juste, doit avoir une grande mobilité : c'est afin de diminuer le frottement que les parties de l'axe qui reposent sur la chape sont taillées en forme de couteau. Il est aussi indispensable que les bras soient forts, inflexibles et parfaitement égaux en longueur et en poids, que les points de suspension des plateaux soient également distans de l'axe, enfin que les plateaux et les chaînettes qui les portent aient identiquement le même poids.

86. Vu la difficulté d'obtenir des instrumens parfaitement justes, la sensibilité des balances à bras égaux employées dans le commerce est fixé à un deux-millième du poids d'une portée.

De la romaine.

87. La romaine est une espèce de balance dont les bras sont inégaux ; l'instrument est, comme dans la balance ordinaire, soutenu par une chape, dans laquelle pénètre l'axe qui divise le fléau en deux parties inégales : les parties de cet axe appuyant sur la chape sont également taillées en forme de couteaux pour diminuer le frottement ; à l'extrémité du plus petit bras est suspendu un plateau destiné à recevoir les objets à peser ; dans l'autre bras beaucoup plus long, est engagé un anneau mobile auquel est suspendu un poids : on peut faire parcourir à ce poids toute la longueur du bras, en faisant glisser l'anneau suivant cette longueur ; ce bras est divisé en un certain nombre de parties égales, dont chacune marque la place occupée par le poids curseur, pour faire équilibre à un poids déterminé ; de sorte que pour avoir le poids d'un corps placé sur le plateau de l'instrument, il suffit de faire mouvoir le poids curseur jusqu'à ce que la machine soit en équilibre : le point de division auquel il se trouve alors arrêté indique le poids du corps.

88. La romaine a sur la balance ordinaire un grand avantage : c'est qu'à l'aide d'un seul

poids de peu de volume, on pèse des fardeaux assez considérables, tandis que dans la balance ordinaire, les deux plateaux devant être également chargés, le point de suspension a à supporter une charge double, par conséquent l'instrument fatigue davantage et se trouve par-là plus exposé à se fausser.

Toutefois, pour le pesage des petits volumes, il est plus convenable de se servir de la balance à bras égaux, attendu le peu de mobilité de la romaine causé par la grande inégalité de ses bras.

89. Les romaines devront être solidement construites. Les couteaux auxquels elles sont suspendues devront être assez fins pour faciliter les mouvemens du fléau; les leviers devront être assez forts pour ne pas fléchir sous le poids curseur qui les accompagne. L'aiguille dont chaque levier est traversé par le haut ne devra pas frotter dans la châsse.

Les romaines devront être oscillantes. Toute autre espèce est prohibée.

La sensibilité pour ces instrumens demeure fixée à 1/500e du poids d'une portée.

Les romaines porteront seulement les divisions décimales représentant les poids légaux. Toute autre division est interdite. Leur portée sera exprimée en kilogrammes sur chacune des faces divisées.

Des balances bascules.

90. La balance bascule est une romaine dont le petit bras est une plateforme destinée à recevoir les objets à peser. Cet instrument est d'une grande utilité et d'un grand usage dans les bureaux de douanes, de diligences, dans les maisons de roulages, etc. C'est sur une balance de ce genre que s'arrêtent pour être pesées, à l'entrée de quelques villes, les voitures publiques, celles de roulage et autres.

91. Les balances bascules devront être oscillantes et établies de manière à donner, quel que soit le poids dont on charge le tablier, un rapport de 1 à 10. Ces instrumens, dont la portée ne peut être moindre de 400 kilogrammes, devront être solidement construits. Il ne pourra être employé à leur usage que des poids fabriqués suivant les formes et dénominations prescrites page 50.

L'indication de chaque balance bascule sera exprimée en kilogrammes sur une plaque de cuivre incrustée dans le montant en bois. La sensibilité pour ces sortes d'instrumens demeure fixée à un millième du poids d'une portée.

92. Tout instrument de pesage devra porter le nom ou la marque du fabricant.

Monnaies.

93. L'unité monétaire est le FRANC.

C'est une pièce d'argent ayant 23 millimètres de diamètre et pesant cinq grammes. Les sous-multiples du franc sont le DÉCIME et le CENTIME. Il n'a pas de multiples ; il vaut 10 décimes ou 100 centimes; le décime vaut 10 centimes.

94. Les pièces de monnaies de France, sont :

	NOMS DES PIÈCES.	DIAMÈTRES en millimètres.	POIDS en grammes	TOLÉRANCE en millièmes du poids.
OR.	La pièce de 40 francs	26	1,90	2
	La pièce de 20 francs	21	6,452	2
ARGENT.	La pièce de 5 francs.	37	25	3
	La pièce de 2 francs.	27	10	5
	La pièce de 1 franc.	23	5	5
	La pièce de 1/2 franc.	18	2,50	7
	La pièce de 1/4 franc.	15	1,25	10

La pièce de billon de 1 décime (0,1).
La pièce de billon de 5 centimes (0,05).
La pièce de billon de 1 centime (0,01).

95. Il existe encore dans le commerce des pièces en argent de 1f,50 c. et de 0, 75 c., et des petites pièces de 1 décime et l'ancienne monnaie de billon, dont le cours n'a pas été interrompu.

96. Sur l'une des faces de chaque pièce est empreinte l'effigie du souverain régnant, entourée de son nom. Sur la face opposée se trouvent l'indication de la valeur de la pièce, et le millésime de l'année où elle a été frappée.

97. Les monnaies d'or et d'argent sont frappées au titre de 9/10 de fin, c'est-à-dire qu'une pièce d'or ou d'argent d'un poids déterminé ne contient réellement en or ou en argent fin que les 9/10 de son poids ; le cuivre est le métal qui entre pour 1/10e dans la fabrication des monnaies. Mélangé avec l'or et l'argent, il donne à ces métaux la consistance nécessaire pour que les pièces qui en sont formées puissent être mises en circulation.

98. On a réuni dans le tableau ci-contre tous les multiples et sous-multiples des mesures métriques qui se trouvent compris sur la liste annexée à la loi du 4 juillet 1837, avec les signes abbréviatifs dont on se sert pour les indiquer, et la valeur numérique de chacun d'eux par rapport à l'unité principale.

TABLEAU GÉNÉRAL DES MESURES MÉTRIQUES.

Multiples,				UNITÉS PRINCIPALES.	*Sous-Multiples.*		
				LONGUEUR.			
MM. Myriamètre. 10,000 mètres.	— KM. Kilomètre. 1,000 mètres.	— HM. Hectomètre. 100 mètres.	— DM. Décamètre. 10 mètres	— M. *Mètre.* 1.	— dM. Décimètre. 0,1 du mètre.	— cM. Centimètre. 0,01 du mètre.	— mM. Millimètre. 0,001 du mètre.
				SUPERFICIE.			
»	— »	— HA. Hectare. 100 ares.	— »	— A. (*Mesure agraire.*) *Are.* 1.	— »	— cA. Centiare. 0,01 de l'are.	— »
				VOLUME.			
»	— »	— »	— DS. Décastère. 10 stères.	— S. *Stère.* 1.	— dS. Décistère. 0,1 du stère.	— »	— »
				CAPACITÉ.			
ML. Myrialitre. 10,000 litres.	— KL. Kilolitre. 1,000 litres.	— HL. Hectolitre. 100 litres.	— DL. Décalitre. 10 litres.	— L. *Litre.* 1.	— dL. Décilitre. 0,1 du litre.	— cL. Centilitre. 0,01 du litre.	— mL. Millilitre. 0,001 du litre.
				POIDS.			
MG. Myriagramme	—KG. Kilogramme 1,000grammes.	—HG. Hectogramme 100 grammes.	—DG. Décagramme 10 grammes.	— G. *Gramme.* 1.	—dG. Décigramme. 0,1 du gramme.	—cG. Centigramme. 0,01 du gramme.	—mG. Milligramme. 0,001 du gram.
10,000grammes.				MONNAIE.			
Le franc n'a pas de multiples.				F. *Franc.* 1.	— d. *Décime.* 0,1 du franc.	— c. *Centime.* 0,01 du franc.	— »

De la vérification des poids et mesures.

99. Tous les poids et mesures en usage dans le commerce doivent, conformément aux dispositions de l'article 10 de l'ordonnance royale du 17 avril 1839, avoir été préalablement présentés au bureau du vérificateur, avoir été vérifiés et porter le poinçon de vérification. Tout poids qui ne porterait pas ce poinçon et sur lequel ne serait pas inscrit le nom qui lui est affecté par le système métrique, serait réputé illégal.

100. Chaque bureau de vérification doit être pourvu de l'assortiment nécessaire d'étalons vérifiés et poinçonnés au dépôt des prototypes près du ministère des travaux publics, de l'agriculture et du commerce. Ces étalons sont vérifiés de nouveau au même dépôt, au moins une fois dans dix ans.

101. Indépendamment de la vérification primitive dont on vient de parler, les poids et mesures dont les commerçans font usage, ou qu'ils ont en leur possession, sont soumis à une vérification périodique qui se renouvelle d'année en année. Cette vérification sert à établir que la conformité avec les étalons n'a pas été altérée. Elle est constatée par l'ap-

plication d'un nouveau poinçon chaque fois différent.

102. Chaque profession est tenue d'avoir un assortiment de poids et de mesures dont le nombre est indiqué dans un tableau dressé par les préfets dans chaque département.

103. La vérification première des poids et mesures est gratuite; la vérification périodique est soumise à un droit fixé, pour chaque objet, dans le tarif annexé à l'ordonnance du 18 octobre 1825, qui est maintenu jusqu'à ce qu'il en soit décidé autrement.

Du calcul des poids et mesures.

104. Ainsi que nous l'avons déjà dit, toutes les opérations que l'on peut avoir à effectuer sur les mesures métriques rentrent dans le calcul décimal.

L'étude de ce calcul en arithmétique devant toujours précéder dans les écoles celui du système métrique, nous n'avons pas cru devoir le traiter dans ce volume.

Nous renverrons donc à notre *Nouveau Traité d'Arithmétique décimale*, rédigé pour les Écoles primaires élémentaires, et conformément aux décisions les plus récentes du CONSEIL ROYAL DE L'INSTRUCTION PUBLIQUE.

FIN.

QUESTIONNAIRE GÉNÉRAL.

PREMIER CHAPITRE.

Définissez l'espace.

Quelles sont ses dimensions?

Qu'entend-on par *mesure* ou unité de mesure?

Qu'est-ce que mesurer?

Y a-t-il plusieurs espèces de mesures?

Qu'entend-on par système de poids et mesures?

Quel est le système actuellement adopté en France?

Quelles sont les figures auxquelles donnent lieu les combinaisons des trois dimensions de l'étendue?

Définir la ligne, le point.

Combien y a-t-il d'espèces de lignes?

Qu'est-ce que la ligne droite? quel est son usage?

Qu'est-ce que mesurer une longueur?

Qu'est-ce qu'une surface?

Qu'est-ce que mesurer une surface?

Quelle est l'unité de superficie, sa forme?

A quoi est égale la surface d'un carré? Comment l'obtient-on?

A quoi est égal le carré fait sur une ligne double?

Faire voir que le carré fait sur une ligne est le quadruple de celui fait sur la moitié de cette ligne.

Combien le carré fait sur une ligne quelconque contient-il de fois le carré dont le côté est la dixième partie de cette ligne?

Définir la base, la hauteur d'un carré.

Qu'est-ce qu'un volume?

Qu'entend-on par capacité?

Qu'est-ce que mesurer un volume?

Qu'est-ce qu'un cube?

A quoi est égal le cube fait sur une ligne double?

Faire voir que le cube construit sur une ligne est huit fois plus grand que celui fait sur la moitié de cette ligne.

Combien le cube fait sur une ligne quelconque contient-il de fois le cube dont le côté est la dixième partie de cette ligne?

Définir la base, la hauteur d'un cube.

A quoi est égal le volume d'un cube?

DEUXIÈME CHAPITRE.

Pourquoi le système métrique est-il appelé systèm légal des poids et mesures?

Quelles sont les diverses unités principales du système métrique?

Qu'est-ce que le mètre?

Qu'est-ce que l'are?

Qu'est-ce que le stère?

Qu'est-ce que le litre?

Qu'est-ce que le gramme?

Qu'est-ce que le franc?

Comment désigne-t-on qu'un nombre représente des unités de l'une quelconque de ces espèces?

Les unités de mesure n'ont-elles pas des multiples et des sous-multiples?

Qu'est-ce qu'un multiple?

Qu'est-ce qu'un sous-multiple?

Comment forme-t-on les multiples et les sous-multiples des unités métriques?

Quels mots emploie-t-on pour les désigner?

Comment exprime-t-on, à l'aide de ces mots, les noms de ces multiples et sous-multiples?

Quels signes abréviatifs emploie-t-on pour indiquer

qu'un nombre se compose de multiples ou sous-multiples des unités métriques ?

Toutes les unités ont-elles le même nombre de multiples ou de sous-multiples ?

Quelle est la relation existant entre une unité quelconque et ses multiples et sous-multiples ?

Quel avantage offre cette relation pour les opérations à effectuer sur les diverses unités ?

Pourquoi le système métrique est-il appelé système *décimal ?*

Quelle est l'unité principale de longueur ? nommez ses multiples et sous-multiples.

Quelles sont les mesures de longueur dont l'usage est légalement autorisé dans le commerce ?

Indiquez les usages auxquels chacune de ces mesures est employée.

A quoi servent le kilomètre et le myriamètre ?

Comment mesure-t-on une surface ?

Quelle est l'unité principale de surface ? indiquez ses multiples et sous-multiples.

Dans quel cas le mètre carré est-il employé pour la mesure de surfaces ?

Quelle est l'unité de superficie (mesures agraires) ? Quels sont ses multiples et sous-multiples ?

A quoi est employé le myriamètre carré ?

Quelle préparation doit-on faire subir aux nombres qui représentent une surface à évaluer, lorsque ces nombres n'expriment pas des unités de même grandeur ?

Quelles sont les mesures de volume ?

Dans quel cas le mètre cube est-il employé comme mesure de volume ?

Qu'est-ce que le stère ? indiquez ses multiples et ses sous-multiples.

Quelles sont les mesures de solides dont l'usage est légalement autorisé dans les chantiers de bois? Comment ces mesures sont-elles construites?

Quelles sont les diverses conditions auxquelles chacune d'elles doit satisfaire pour être légale?

Quelle est l'unité de mesure de capacité? Indiquez ses multiples et sous-multiples.

Quels sont ceux dont l'usage est légalement autorisé dans le commerce pour les matières sèches?

Quelles formes doivent avoir ces mesures, et à quelles conditions doivent-elles satisfaire pour être légales?

Quelle est la différence existant entre les mesures pour les liquides et celles pour les matières sèches?

A partir de quelle mesure cette différence doit-elle avoir lieu?

De quel métal doivent être construites les mesures (liquides) à partir du double litre, et dans quelles proportions ce métal doit-il entrer dans leur fabrication?

Quel poids doit avoir chacune de ces mesures? A quelles conditions doivent-elles satisfaire pour être légales?

Quelle forme doivent avoir les mesures pour le lait? de quel métal doit-on les construire?

Quelle est l'unité principale pour les poids? indiquez ses multiples et sous-multiples.

Quels sont les poids dont on se sert dans le commerce?

Indiquez la série des poids en fer, leurs formes, les conditions de légalité auxquelles chaque poids doit satisfaire.

Indiquez la série des poids en cuivre, leurs formes, les conditions de légalité auxquelles chaque poids est soumis.

Qu'entend-on par poids simples ou divisés?

Quels sont les instrumens de pesage?

Qu'est-ce que la balance à bras égaux; son usage?

Qu'est-ce que la balance-bascule; son usage?

Qu'est-ce que la romaine; son usage?

A quelles conditions de légalité est soumis chacun de ces divers instrumens?

Quelle est l'unité monétaire? quels sont ses sous-multiples?

Quelles sont les pièces de monnaie en circulation?

A quel titre sont-elles frappées?

Indiquez leur poids en grammes, leur diamètre en millimètres.

Quels moyens a-t-on de s'assurer de la légalité des poids et mesures employés dans le commerce?

FIN DU QUESTIONNAIRE.

www.ingramcontent.com/pod-product-compliance
Ingram Content Group UK Ltd.
Pitfield, Milton Keynes, MK11 3LW, UK
UKHW012251240726
13966UKWH00004B/1379

9 782013 052191